Francesco Cester

Dimostrazioni di formule relativistiche

*Mutationem motus proportionalem esse vi motrici impressae,
et fieri secundum lineam rectam qua vis illa imprimitur*

Francesco Cester

Newton aveva ragione

—

Dimostrazioni classiche di formule relativistiche

A Viola

© 2017 Francesco Cester

Edito e stampato da:

BoD – Books on Demand, Norderstedt

ISBN: 9783744893190

Premessa

Dall'avvento della Teoria della Relatività Ristretta più di un secolo fa si è diffusa fra gli scienziati in tutto il mondo la convinzione che le leggi fisiche di Newton siano valide solo limitatamente.

Poiché fondata su queste leggi, la meccanica classica viene di conseguenza considerata applicabile solo a basse velocità e per masse costanti.

Con la presente dissertazione si riesce nondimeno di dimostrare che il secondo principio della dinamica di Newton resta valido anche a velocità elevate e con masse variabili.

Inoltre si dimostra che con la legge newtoniana possono essere ricavate alcune formule relativistiche aventi una particolare rilevanza fisica.

In questo modo si contribuisce anche a un'ulteriore conferma dei risultati della Teoria della Relatività con l'utilizzo esclusivo della fisica classica.

Così si viene a costatare che la meccanica newtoniana può porre il fisico in grado di anticipare sostanziali risultati della Teoria della Relatività Ristretta senza dover ricorrere ai postulati relativistici.

Con ciò pur non ponendo le premesse di una nuova teoria fisica, si riesce a mostrare un'insospettata e pur stretta connessione fra la meccanica classica e quella relativistica.

Le dimostrazioni qui riportate riconducono le argomentazioni fisiche a un livello meno elevato di quello della terminologia relativistica, hanno quindi il pregio di renderle comprensibili ed evidenti anche a chi possiede solo nozioni elementari di meccanica.

Indice

Introduzione 9
1. Sui limiti della meccanica classica 13
2. $E = mc^2$ come conseguenza dell'effetto Doppler 19
3. L'equivalenza fra energia e massa 23
4. Dipendenza dell'inerzia dalla velocità 27
5. Il teorema del lavoro e dell'energia cinetica 33
6. Il triangolo relativistico E-p-m 39
7. Composizione delle velocità di due elettroni in collisione 43
8. Dipendenza del tempo dalla velocità 49
9. Teorema della composizione delle velocità 55
10. Costanza della velocità della luce 61
11. Dipendenza della frequenza dalla velocità 65
12. Dipendenza dell'accelerazione dalla velocità 69
Riepilogo 73
Conclusione 77
Esempi 79

Introduzione

Lo stimolo alla stesura della seguente dissertazione mi è stato dato da un articolo scientifico apparso sotto il titolo "*An elementary derivation of E=mc²*" [1].

Con quest'articolo il fisico austriaco Fritz Rohrlich ha dimostrato che la famosa equazione attribuita a Einstein $E = mc^2$, che attesta l'equivalenza fra energia e massa, è ricavabile dalle leggi della fisica classica senza l'uso della meccanica relativistica.

La dimostrazione, basata sull'effetto Doppler applicato alle onde elettromagnetiche, mostra che la formula più famosa del mondo non è conseguenza esclusiva della Teoria della Relatività.

La questione che ora si pone è la seguente: se l'equivalenza fra energia e massa non è necessariamente il risultato di una teoria, ma è una legge fisica inequivocabilmente comprovata attraverso altre leggi fisiche, è possibile partendo da essa arrivare a confermare altre equazioni alle quali perviene Einstein senza dover partire dai postulati non sempre intuitivi della cinematica relativistica?

La dissertazione che segue ha lo scopo di dare delle risposte a questa domanda.

Il mio intento principale è quello di dimostrare che la meccanica newtoniana sia in grado di descrivere anche quei fenomeni naturali che generalmente sono considerati spiegabili solo con considerazioni relativistiche e che quindi possa operare in un campo di applicazione fisico molto più vasto di quello normalmente supposto.

La dissertazione può considerarsi suddivisa in tre parti:

---

[1] Pubblicato nel 1990 im *American Journal of Physics*, pag. 348, Volume 58, Issue 4

Nella prima parte è preso in considerazione il campo di applicazione della seconda legge della dinamica (paragrafo 1) e vengono presentate due dimostrazioni alternative del principio di equivalenza massa-energia (paragrafi 2 e 3).

Nella seconda parte viene utilizzata la legge di Newton in combinazione col principio di equivalenza massa-energia per ottenere la dipendenza dell'inerzia del corpo materiale dalla velocità (paragrafo 4) e inoltre per estendere il teorema del lavoro e dell'energia cinetica al campo delle velocità elevate (paragrafo 5).

Questi due principi costituiscono poi nel corso della terza parte dello studio la base su cui si fondano altre dimostrazioni.

Con riferimento a esperimenti ideali e solo facendo uso dei principi di conservazione dell'energia e della quantità di moto si riesce così di dimostrare con la meccanica classica il teorema della composizione relativistica delle velocità (paragrafi 7 e 9).

Il paragrafo 10 rappresenta l'obiettivo centrale di tutto lo studio presente.

Il fenomeno della costanza della velocità della luce nel vuoto, valido per tutti i sistemi di riferimento inerziali, costituisce il principio fisico più importante fra quelli che nel mondo della fisica sono attualmente considerati incompatibili con la meccanica classica.

La costanza della velocità della luce rappresenta inoltre anche il postulato centrale della teoria della relatività e mostra al contempo il profondo divario fra meccanica classica e relativistica.

Nel paragrafo 10 viene nondimeno mostrato che la conferma teorica della costanza della velocità della luce può essere addotta proprio tramite la meccanica classica.

Nei due ultimi paragrafi per concludere vengono dimostrate per via classica la dipendenza dalla velocità della frequenza della radiazione elettromagnetica e dell'accelerazione.

Per le dimostrazioni si fa soltanto uso dei principi universalmente validi di conservazione dell'energia e della quantità di moto.

Come risultato dell'intera trattazione possono essere tratte le seguenti conclusioni:

- Quello di equivalenza massa-energia non è un principio relativistico, bensì una semplice conseguenza dell'effetto Doppler applicato alle onde elettromagnetiche.

- Il fenomeno di costanza della velocità della luce nel vuoto, valido per tutti i sistemi di riferimento inerziali, non è un postulato, bensì un principio dimostrabile per mezzo delle leggi della fisica classica.

- La Teoria della Relatività è una conseguenza del principio di equivalenza massa-energia e non viceversa.

- Le leggi di Newton costituiscono una base fisica molto più efficiente di quanto non si sia supposto fino ad oggi.

1. Sui limiti della meccanica classica

Dei limiti della meccanica classica per la spiegazione dei fenomeni naturali si accenna all'esordio d'innumerevoli opere sia scientifiche che divulgative sulla Teoria della Relatività.

Normalmente si parte dagli esperimenti che dimostrano la costanza della velocità della luce in ogni sistema di riferimento inerziale, indipendentemente dal suo stato di quiete o di moto.

Osservatori in moto relativo fra loro quindi, dovendo trovarsi in accordo sulla velocità della luce, non possono più esserlo, né sulla contemporaneità degli eventi, né sui tempi e nemmeno sulle dimensioni dei corpi.

Basandosi su queste ammissioni, si è costretti ad abbandonare l'idea di uno spazio e tempo assoluti.

Si evidenzia quindi la necessità di ridefinire il principio di relatività.

Si passa poi all'enunciazione delle trasformazioni di coordinate fra sistemi di riferimento inerziali[2] e alle misure di spazio e di tempo in essi osservate in funzione delle loro velocità.

Si pone infine l'accento sul dato di fatto che tutte queste ipotesi si trovino in accordo con le osservazioni sperimentali anche per velocità prossime a quella della luce.

Si conclude dimostrando l'insufficienza della meccanica classica sia nel campo cosmologico, che in quello subatomico delle alte energie.

---

[2] Si tratta delle cosiddette trasformazioni di Lorentz. Esse si trovano in accordo con il fondamento basilare della Teoria della Relatività secondo cui per tutti i sistemi di riferimento inerziali, indipendentemente dalla loro moto relativo, debbano essere valide le stesse leggi fisiche.

Per dimostrare l'insufficienza della meccanica classica si può però seguire anche un'altra via a mio parere più semplice.

Il secondo principio della dinamica di Newton, sul quale si basa la meccanica classica, viene normalmente espresso tramite la seguente relazione fra i vettori forza e accelerazione:

$$\vec{F} = m\vec{a} \quad \Leftrightarrow \quad \vec{F} = m\frac{d\vec{v}}{dt} \quad (1.1)$$

dove la costante di proporzionalità m, chiamata massa, rappresenta la misura dell'inerzia del corpo materiale sul quale è applicata la forza.

Partendo dalla (1.1), se consideriamo l'apporto di una quantità di energia meccanica a un punto materiale di massa m, fornito dal lavoro elementare di una forza d'intensità F per lo spostamento infinitesimo ds a essa parallelo, si ottiene la seguente equazione differenziale:

$$Fds = m\frac{dv}{dt}ds = mvdv \quad (1.2)$$

L'integrazione della (1.2) ci dà, come vedremo più avanti, l'importante teorema del lavoro e dell'energia cinetica.

Si tenga conto che le relazioni (1.1) e (1.2) implicano la proporzionalità diretta fra forza e accelerazione per un punto materiale di massa m.

La conseguenza di questa ipotesi è che l'inerzia del punto materiale al quale è applicata la forza resti invariata al variare della velocità.

Questo vuol dire che ad esempio, estendendo il concetto dal punto materiale alle particelle atomiche, per la meccanica classica un elettrone sottoposto a un forte campo elettrico dovrebbe poter essere accelerato fino a raggiungere una velocità qualsiasi.

Ora, quest'affermazione si rivela completamente errata nel caso di velocità prossime a quelle della luce, così come dimostrano gli esperimenti eseguiti negli acceleratori di particelle elementari.

Questi esperimenti mostrano che, mantenendo costante la forza, all'aumentare della velocità si rileva un aumento dell'inerzia delle particelle che si manifesta attraverso una progressiva riduzione dell'accelerazione delle stesse.

Per velocità prossime a quella della luce l'accelerazione tende addirittura a zero.

Questo equivale a dire che per velocità elevate non è più verificabile una diretta proporzionalità fra forza e accelerazione.

Ma allora, il secondo principio della dinamica ... è errato?

Niente affatto!

Il secondo principio della dinamica così come l'ha formulato Newton è corretto.

In un mio vecchio libro di meccanica si legge:

"*La formulazione originaria del secondo principio fatta da Newton è la seguente: la forza applicata ad un punto materiale è pari alla derivata rispetto al tempo del vettore quantità di moto.*"[3]

Nella sua famosa opera "Philosophiae Naturalis Principia Mathematica" si legge in latino originale:

"*Mutationem motus proportionalem esse vi motrici impressae, et fieri secundum lineam rectam qua vis illa imprimitur.*"

---
[3] Daniele Sette – Lezioni di fisica – Volume I, pag. 100

„*motus*" quindi, e non „*velocitas*".

Vale a dire:

$$\vec{F} = \frac{d\vec{p}}{dt} \quad \Leftrightarrow \quad \vec{F} = \frac{d(m\vec{v})}{dt} \quad (1.3)$$

La (1.3) è, secondo Newton, l'espressione generalmente valida del secondo principio della dinamica e quindi dovrà essere utilizzata al posto della (1.1) per una trattazione corretta della meccanica nel caso di velocità elevate[4].

Nella (1.3) con $\vec{p}$ viene espresso il vettore quantità di moto del corpo pari al prodotto $m\vec{v}$ della massa per il vettore velocità.

---

[4] Nel suo trattato „Lectures on Physics" Richard Feynman rivela il tipico atteggiamento del fisico moderno nei confronti del secondo principio della dinamica di Newton.
Nel capitolo 15 „*The Special Theory of Relativity*" afferma:
„*For over 200 years the equations of motion enunciated by Newton were believed to describe nature correctly, and the first time that an error in these laws was discovered, the way to correct it was also discovered. Both the error and its correction were discovered by Einstein in 1905. Newton's Second Law, which we have expressed by the equation*
$$F = d(mv)/dt,$$
was stated with the tacit assumption that m is a constant, but we now know that this is not true, and that the mass of a body increases with velocity. In Einstein's corrected formula m has the value
$$m = \frac{m_0}{\sqrt{1 - v^2/c^2}}$$
where the rest mass m_0 represents the mass of a body that is not moving and c is the speed of light ..."
Dopo la lettura di queste righe si pone la seguente questione: in definitiva che cos'è errato? Il secondo principio della dinamica di Newton, che del resto è formulato correttamente da Feynman, o piuttosto la „*tacit assumption*" secondo cui la massa resterebbe costante?
Nel corso di questa dissertazione verrà dimostrato (vedi paragrafo 4) che il secondo principio della dinamica resta corretto anche con massa variabile e ad alte velocità. Infatti, proprio con la legge di Newton e senza l'uso d'ipotesi relativistiche si può ricavare fra l'altro „*Einstein's corrected formula*" per la massa.

Si noti che la (1.1) rappresenta una forma semplificata della (1.3) nel caso particolare in cui si possa considerare costante la massa, cioè per velocità notevolmente inferiori a quella della luce.

Per velocità prossime a quella della luce invece si dovrà considerare la massa come funzione della velocità e quindi anche la massa m così come la velocità $\vec{v}$ dovrà essere differenziata.

Se ora consideriamo l'apporto d'energia meccanica a un punto materiale di massa m fornito dal lavoro elementare Fds di una forza d'intensità F, tenendo presente la (1.3) possiamo scrivere[5]:

$$Fds = \frac{ds}{dt}dp \Leftrightarrow Fds = vd(mv) \quad (1.4)$$

O meglio:

$$dE = Fds = v^2 dm + mvdv \quad (1.5)$$

La (1.5) è un'importante espressione. Infatti, come vedremo in seguito, tramite la sua integrazione si ottiene, fra l'altro, la relazione che esprime la dipendenza dell'inerzia dalla velocità.

Si noti che la (1.5) si riduce alla (1.2) nel caso in cui possa essere considerata costante l'inerzia del punto materiale e quindi m.

La relazione (1.5) tiene conto del fatto che, a differenza della (1.2), e quindi nel caso più generale, un apporto di energia a un corpo di massa m sia accompagnato da un aumento dell'inerzia del corpo stesso, così come effettivamente si osserva a velocità elevate.

---

[5] D'ora in poi rinunceremo per semplicità all'uso dei vettori e nelle formule seguenti useremo i loro moduli supponendo che lo spostamento elementare ds abbia sempre stessa direzione della forza F.

Si può costatare che la (1.5), possedendo tre differenziali diversi fra loro, è integrabile solo nel caso in cui sia nota una seconda relazione fra l'energia $dE = Fds$ apportata al corpo e la velocità v o la massa m di quest'ultimo.

Una tale relazione ci consentirebbe, infatti, di eliminare uno dei tre differenziali dall'espressione (1.5), rendendo così integrabile quest'ultima.

Il prossimo paragrafo ci fornirà la relazione cercata. L'integrazione della (1.5) potrà quindi essere fatta nei paragrafi a seguire.

La relazione normalmente utilizzata del secondo principio della dinamica esprime la diretta proporzionalità fra forza e accelerazione. Così formulata, la legge newtoniana non è in grado di spiegare i fenomeni osservati a velocità elevate, alle quali si registra un aumento dell'inerzia dei corpi. Correttamente interpretato, però, il secondo principio della dinamica ci fornisce l'espressione adatta che tiene conto della variazione di massa. L'equazione differenziale risultante non è però risolubile senza una seconda relazione fra energia e massa.

2. $E = mc^2$ come conseguenza dell'effetto Doppler

Come accennato nell'introduzione, il principio di equivalenza fra energia e massa è ricavabile dall'effetto Doppler applicato alla radiazione elettromagnetica.

Qui di seguito è riportata una breve dimostrazione analoga a quella originale.

Prima di iniziare ricordiamo che l'energia di un quanto elettromagnetico, anche denominato fotone, è pari a $h\nu$, mentre la sua quantità di moto è uguale a $h\nu/c$ dove ν è la frequenza associata al fotone, h è la costante di Planck e c è la velocità della luce nel vuoto.

Se ne deduce che l'energia E_f e la quantità di moto p_f di un fotone sono legate dalla seguente relazione: $E_f = p_f c$.

Si consideri un corpo materiale di massa m_1 che si muova rispetto a un osservatore con velocità costante v_1 notevolmente inferiore a quella della luce.

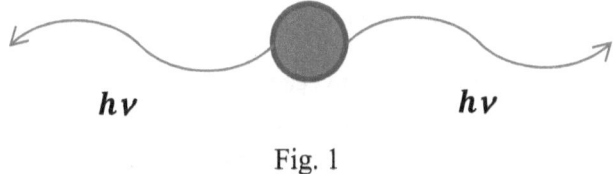

$h\nu$ $\qquad\qquad\qquad$ $h\nu$

Fig. 1

Si supponga che a un certo istante il corpo emetta due fotoni della stessa frequenza ν l'uno in direzione del moto, l'altro in direzione opposta, come mostrato in Fig. 1.

L'energia emessa dal corpo sarà allora: $E = 2h\nu$.

L'osservatore, tenendo conto dell'Effetto Doppler, misurerà una frequenza pari a $\nu(1 - v_1/c)$ per il fotone emesso in direzione del moto e a $\nu(1 + v_1/c)$ per quello emesso in direzione opposta.

Per il principio di conservazione, la quantità di moto del corpo prima dell'emissione deve essere pari alla somma delle quantità di moto del corpo e dei due fotoni dopo l'emissione, quindi dal punto di vista dell'osservatore sarà:

$$m_1 v_1 = m_2 v_2 + \frac{h\nu}{c}\left(1 + \frac{v_1}{c}\right) - \frac{h\nu}{c}\left(1 - \frac{v_1}{c}\right)$$

Che si semplifica nella seguente espressione:

$$m_1 v_1 - m_2 v_2 = 2\frac{h\nu v_1}{c^2} \qquad (2.1)$$

Dove m_2 e v_2 sono la massa e la velocità del corpo dopo l'emissione.

Data la natura simmetrica dell'effetto (fotoni uguali emessi in direzioni opposte), dopo l'emissione non si verificherà alcun mutamento di velocità del corpo, quindi sarà: $v_1 = v_2$.

La massa del corpo materiale, invece, non resterà costante, altrimenti il secondo membro della (2.1) si annullerebbe, cosa che potrebbe accadere solo se, contrariamente al presupposto su cui si basa l'esperimento ideale, la frequenza ν o la velocità v_1 fossero uguali a zero.

Perciò, sostituendo nella (2.1) v_1 a v_2 e ponendo Δm al posto di $m_1 - m_2$ si ottiene:

$$\Delta m v_1 = 2\frac{h\nu v_1}{c^2} \qquad (2.2)$$

Dopo aver semplificato e tenuto presente che $2h\nu$ è l'energia E irradiata dal corpo sotto forma dei due fotoni emessi, perveniamo alla formula che esprime l'equivalenza fra massa ed energia per il caso particolare di radiazione elettromagnetica:

$$\Delta m = \frac{E}{c^2} \quad \Leftrightarrow \quad E = \Delta m c^2 \qquad (2.3)$$

Vale a dire:

L'energia irradiata da un corpo materiale è pari alla sua perdita di massa, subita in seguito all'emissione, moltiplicata per il quadrato della velocità della luce.[6]

La dimostrazione alternativa del fisico Fritz Rohrlich si basa sull'effetto Doppler e sul principio di conservazione della quantità di moto. Essa conferma, senza far uso di postulati relativistici, il principio di equivalenza fra energia e massa di Einstein nel caso particolare dell'emissione elettromagnetica.

---

[6] Nel suo libro „Die Relativitätstheorie Einsteins" Max Born afferma che, per l'equivalenza fra energia e massa, lo stesso Einstein si è spesso servito di una semplice dimostrazione che non fa uso del formalismo matematico della Teoria della Relatività.

3. L'equivalenza fra energia e massa

La dimostrazione del paragrafo precedente descrive un aspetto molto importante della conversione fra massa ed energia. Ciò nonostante essa non rappresenta una prova del tutto completa del principio di equivalenza.

Infatti, nel modo in cui è stata ricavata, la (2.3) dimostra soltanto che attraverso il fenomeno di emissione elettromagnetica una parte della massa di un corpo si converte in energia.

La (2.3) non prova né che tutta la massa di un corpo si possa convertire in energia, né che sia possibile una conversione in altre forme energetiche oltre a quella elettromagnetica.

La relazione (2.3) non conferma quindi il principio di equivalenza fra energia e massa nel caso più generale.

Scopo del presente paragrafo è di colmare questa lacuna facendo riferimento all'osservazione sperimentale chiamata "Annichilazione elettrone-positrone".

Questo fenomeno naturale può essere riprodotto in appositi acceleratori di particelle elementari chiamati "Anelli di accumulazione".

Si tratta della reazione che avviene per urto fra l'elettrone e la sua antiparticella positrone di uguale massa e carica contraria:

$$e^+ + e^- \rightarrow 2\gamma$$

In seguito alla collisione si forma per un tempo molto breve una particella neutra instabile che annichilandosi genera due fotoni emessi in direzioni opposte.

In figura 2 sono rappresentate le tre fasi del processo fisico appena descritto:

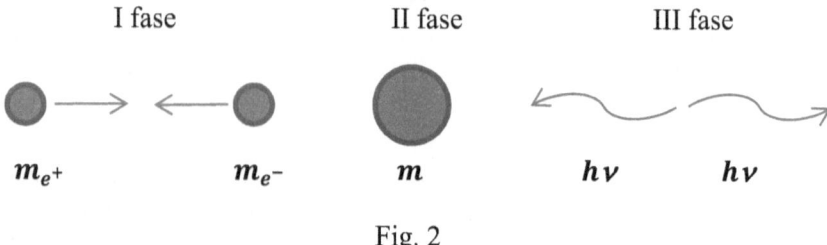

Fig. 2

Questo fenomeno è quindi molto simile all'esperimento ideale descritto nel paragrafo precedente. Una differenza sostanziale consiste però nel fatto che in questo caso tutta la massa si converte in energia.

Consideriamo ora un osservatore che si trovi ad avere una velocità v rispetto alla particella instabile di massa m formatasi a seguito della collisione. Supponiamo inoltre che la direzione del suo moto sia la stessa di quella di uno dei due fotoni.

Applicando il principio di conservazione della quantità di moto prima e dopo l'annichilazione (fasi II e III) e tenendo in considerazione l'Effetto Doppler, otteniamo:

$$mv = \frac{h\nu}{c}\left(1 + \frac{v}{c}\right) - \frac{h\nu}{c}\left(1 - \frac{v}{c}\right)$$

Che si semplifica nella seguente relazione:

$$mv = 2\frac{h\nu v}{c^2}$$

E quindi, tenendo presente che $2h\nu$ è l'energia E emessa, otteniamo:

$$m = \frac{E}{c^2} \Leftrightarrow E = mc^2 \qquad (3.1)$$

Si tenga presente che m nella (3.1), a differenza di Δm nella (2.3), non è più soltanto una frazione, bensì tutta la massa di una particella che si è trasformata interamente in energia.

Questo ci suggerisce che possiamo quindi associare a ogni corpo di massa m un'energia interna che sia espressa dalla (3.1).

Quest'ultima acquisizione ci dà la possibilità di considerare un bilancio energetico delle tre fasi in cui può essere suddivisa l'osservazione sperimentale appena descritta.

Basandoci sul principio di conservazione e considerando che in base alla (3.1) si possa associare all'elettrone l'energia interna $m_e c^2$, per la fase immediatamente precedente alla collisione si registrerà un'energia totale del sistema costituito dalle due particelle in moto pari a $2m_e c^2 + 2E_c$, dove E_c rappresenta l'energia cinetica dell'elettrone, uguale a quella del positrone.

Per il principio di conservazione, tutta questa energia si convertirà in quella interna mc^2 della particella instabile prodotta in seguito all'urto. Quest'ultima si trasformerà poi nell'energia elettromagnetica dei due fotoni emessi dopo la collisione, così come descritto.

Per l'energia totale E del sistema nelle tre fasi descritte, possiamo dunque considerare la seguente relazione multipla:

$$E = 2m_e c^2 + 2E_c = mc^2 = 2h\nu \quad (3.2)$$

La (3.2) attesta un caso particolarmente significativo di conversione fra massa ed energia, sia cinetica che elettromagnetica.

Si noti che nella (3.2) sia $m_e c^2$ che mc^2 rappresentano solo le energie interne delle particelle in stato di quiete. Un'equazione che esprima l'energia totale di una particella in funzione della sua velocità non l'abbiamo ancora ricavata.

Concludiamo questo paragrafo osservando che esiste un fenomeno reciproco a quello appena descritto conosciuto con il nome "Creazione di coppie", la cui osservazione sperimentale rivela la formazione di un elettrone e un positrone a partire da un fotone avente un'energia superiore a 1,02 Mev.

Per energie ancora maggiori si osserva un aumento dell'energia cinetica delle particelle che si formano. Questo conferma la possibilità generale di conversione fra massa ed energia e viceversa.

In questo paragrafo si è presa in considerazione l'osservazione sperimentale chiamata "annichilazione elettrone-positrone", nella quale le due particelle si dissolvono causando l'emissione di due fotoni. L'analisi del fenomeno ci pone in grado di dimostrare il principio di equivalenza nel modo più generale. Fra l'altro vengono considerati il caso di conversione dell'energia cinetica in massa, così come quello della completa trasformazione della massa di una particella in energia radiante. Questi risultati ci consentono di associare a una particella in quiete un'energia interna data dalla formula $E = mc^2$, non ci forniscono però ancora l'espressione dell'energia totale di un corpo materiale in funzione della sua velocità.

4. Dipendenza dell'inerzia dalla velocità

In questo paragrafo vedremo come, utilizzando il principio di equivalenza fra energia e massa, si possa ricavare l'equazione che esprime la dipendenza dell'inerzia dalla velocità.

Supponiamo che su un punto materiale agisca una forza costante F.

Come abbiamo visto nel paragrafo 1, il lavoro elementare della forza può essere espresso nel caso più generale dalla seguente equazione differenziale:

$$Fds = dE = v^2 dm + mv dv \qquad (1.5)$$

Abbiamo anche costatato che la (1.5) non sia integrabile salvo che si conosca una seconda relazione fra energia meccanica arrecata e massa o velocità del punto materiale.

La dimostrazione fatta nel paragrafo precedente colma questa lacuna fornendoci la relazione mancante.

Infatti, considerando l'espressione che stabilisce l'equivalenza fra energia e massa $E = mc^2$, si deduce che, così come alla massa è associata un'energia, all'energia sia associabile l'inerzia della massa che le corrisponde.

Con altre parole: "Massa è energia ed energia possiede massa"[7].

Basandoci su questa ipotesi, dalla relazione (2.3) possiamo desumere che l'inerzia associabile all'energia fornita nella (1.5) deve corrispondere a una variazione di massa dm espressa da:

$$Fds = dE = c^2 dm \qquad (4.1)$$

---

[7] Albert Einstein, Leopold Infeld – Die Evolution der Physik, pag. 267 – Weltbild Verlag

La sostituzione della (4.1) nella (1.5) ci consente di eliminare il differenziale **ds** dalla (1.5). In questo modo essa si riduce a una relazione differenziale integrabile fra massa e velocità:

$$c^2 dm = v^2 dm + mvdv \qquad (4.2)$$

Il risultato dell'integrazione della (4.2) ci darà la relazione di dipendenza dell'inerzia dalla velocità.

La (4.2) può essere scritta nella seguente forma:

$$\frac{dm}{m} = \frac{v}{c^2 - v^2} dv \qquad (4.3)$$

Integrando il secondo membro fra il limite zero e il generico valore v della velocità, e specificando con m_0 la massa corrispondente a velocità nulla, vale a dire la cosiddetta massa a riposo, otteniamo:

$$\int_{m_0}^{m} \frac{dm}{m} = -\frac{1}{2} \int_0^v \frac{d(c^2 - v^2)}{c^2 - v^2} \quad \Rightarrow$$

$$[ln(m)]_{m_0}^{m} = -\frac{1}{2} [\ln(c^2 - v^2)]_0^v \quad \Rightarrow$$

$$ln \frac{m}{m_0} = \frac{1}{2} ln \frac{c^2}{c^2 - v^2} \quad \Rightarrow$$

$$\frac{m}{m_0} = \sqrt{\frac{c^2}{c^2 - v^2}} \quad \Rightarrow$$

$$m = \frac{m_0}{\sqrt{1 - \frac{v^2}{c^2}}} \qquad (4.4)$$

La relazione (4.4) esprime la dipendenza dell'inerzia di un corpo materiale di massa m_0 dalla velocità.

Essa è uno dei più importanti risultati della Teoria della Relatività ristretta.

Si tenga presente che m nella (4.4) non può essere semplicemente definita come la massa del punto materiale alla velocità v.

Più propriamente diremo che si tratta di un valore virtuale della massa che ci permette di tener conto dell'inerzia associabile all'energia totale posseduta da un corpo materiale a velocità elevate.

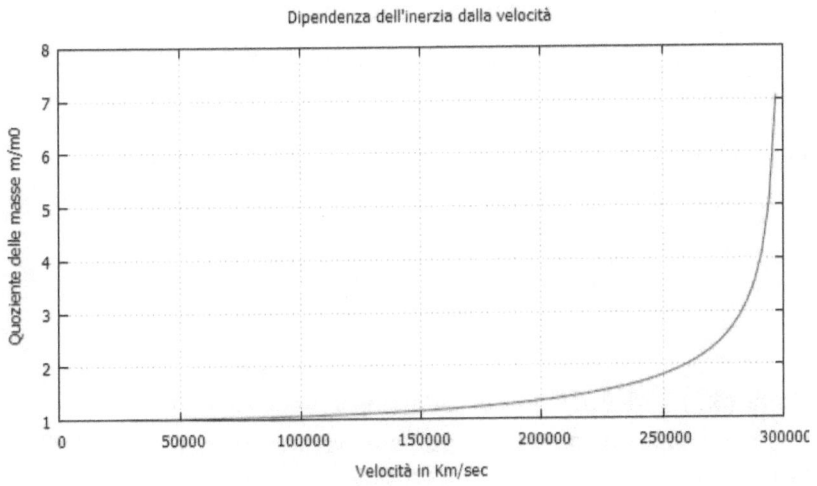

Fig. 3

Nella sua opera intitolata "Relativitätstheorie" Wolfgang Pauli afferma:

"Questa espressione per la dipendenza della massa dalla velocità è stata ricavata per la prima volta da Lorentz per la massa dell'elettrone, con l'ipotesi che anche gli elettroni in movimento subiscano la contrazione di Lorentz."[8]

In questo paragrafo, invece, la dipendenza della massa dalla velocità è stata ricavata col semplice uso della fisica classica.

Della (4.4) faremo uso in seguito per la dimostrazione di altre equazioni relativistiche.

In tutte le dimostrazioni sarà indicata con m_0 la massa propria di un corpo materiale, anche chiamata massa a riposo. Con m s'intenderà invece la massa associabile a un corpo in moto in funzione della sua velocità[9].

Useremo la (4.4) ogni volta che ci servirà di passare da m_0 a m e viceversa.

Dalla (4.4), moltiplicando i membri di destra e sinistra per la velocità, si perviene all'equazione della quantità di moto nel caso più generale:

$$p = \frac{m_0 v}{\sqrt{1 - \frac{v^2}{c^2}}} \qquad (4.5)$$

Dalla (4.5) si deduce, in accordo con le osservazioni sperimentali, che nessun corpo materiale può superare e neanche raggiungere la velocità della luce.

---

[8] Wolfgang Pauli – Teoria della Relatività, pag. 127 – Edizione Boringhieri
[9] È importante chiarire che all'inerzia del corpo materiale contribuiscono due grandezze fisiche: l'una è la massa del corpo stesso, l'altra è la massa che può essere associata alla sua energia cinetica. La massa totale è la somma di queste due masse e può essere di molti ordini di grandezza più elevata della massa a riposo del corpo materiale.

Si noti che, moltiplicando i membri di destra e sinistra per la velocità della luce elevata al quadrato, dalla (4.4) si ottiene anche l'espressione dell'energia totale di un corpo materiale in funzione della sua velocità:

$$mc^2 = \frac{m_0 c^2}{\sqrt{1 - \frac{v^2}{c^2}}} \qquad (4.6)$$

Si tenga presente che la (4.6) qui viene solo anticipata. La sua dimostrazione segue nel paragrafo successivo.

> La dimostrazione del principio di equivalenza fatta nei paragrafi 2 e 3 ci mette in grado di associare all'energia elementare fornita ad un corpo materiale una corrispondente variazione d'inerzia. Si ottiene così la relazione necessaria per la risoluzione dell'equazione differenziale del lavoro ricavata dal secondo principio della dinamica. Dall'integrazione si ricava la dipendenza dell'inerzia di un corpo materiale dalla sua velocità. Questo è uno dei più importanti risultati della Relatività ristretta.

5. Il teorema del lavoro e dell'energia cinetica

Con questo teorema può essere calcolata l'energia cinetica E_c apportata a un corpo materiale dal lavoro di una forza F agente su di esso.

La trattazione abitualmente fatta con la meccanica classica può essere esposta come segue:

Supponendo la massa costante, si può utilizzare l'equazione differenziale (1.2) che, come abbiamo visto nel paragrafo 1, è una conseguenza diretta della (1.1):

$$\vec{F} = m_0 \vec{a} \quad \Leftrightarrow \quad \vec{F} = m_0 \frac{d\vec{v}}{dt} \qquad (1.1)$$

L'apporto all'energia cinetica arrecato dal lavoro elementare $F ds$ è[10]:

$$dE_c = F ds = m_0 v dv \qquad (1.2)$$

Integrando per una velocità iniziale nulla si ottiene il valore dell'energia cinetica:

$$E_c = m_0 \int_0^v v \, dv = \frac{1}{2} m_0 v^2 \qquad (5.1)$$

Poiché ricavata dalla (1.1), la (5.1) esprime l'energia cinetica di un corpo di massa m_0 solo nei casi in cui, per velocità notevolmente inferiori a quella della luce, l'inerzia del corpo materiale resta praticamente costante.

Nel caso più generale, che prevede anche velocità prossime a c, si dovrà invece utilizzare la seguente espressione …

---

[10] Così come in precedenza, viene anche qui presupposto che lo spostamento infinitesimale ds proceda nella stessa direzione della forza F.

$$dE_c = Fds = v^2 dm + mvdv \qquad (1.5)$$

... in accordo con quanto esaminato nel paragrafo 1.[11]

Abbiamo già fatto presente che la (1.5) non è integrabile, eccetto che si conosca una seconda relazione fra energia meccanica fornita al corpo sotto forma del lavoro **Fds** e la sua velocità o massa.

Se prendiamo in considerazione le due relazioni esaminate nel paragrafo 4, ...

$$Fds = c^2 dm \qquad (4.1)$$

$$m = \frac{m_0}{\sqrt{1 - \frac{v^2}{c^2}}} \qquad (4.4)$$

... vediamo che per sostituzione ci consentono di eliminare la massa **m** dalla (1.5).

In questo modo otteniamo l'espressione necessaria che ci consente di risolvere l'equazione differenziale (1.5).

Dalla (4.1) ricaviamo:

$$dm = \frac{Fds}{c^2} \qquad (5.2)$$

Sostituendo la (4.4) e la (5.2) nella (1.5) otteniamo la seguente relazione fra l'energia meccanica apportata a un corpo materiale sotto forma del lavoro elementare di una forza **F** e la sua velocità:

---

[11] Si tenga presente che, in questo caso come anche in seguito, prenderemo sempre in considerazione corpi materiali rigidi non vincolati e quindi privi di energia potenziale. I corpi qui considerati possono essere perciò assimilati alle particelle subatomiche. Premesso ciò, è quindi evidente che il lavoro elementare espresso dalla (1.5) si trasformi interamente in energia cinetica.

$$Fds = v^2 \frac{Fds}{c^2} + \frac{m_0}{\sqrt{1-\frac{v^2}{c^2}}} v\,dv \qquad \Rightarrow$$

$$(1-\frac{v^2}{c^2})Fds = \frac{m_0 v}{\sqrt{1-\frac{v^2}{c^2}}}\,dv \qquad \Rightarrow$$

$$dE_c = Fds = \frac{m_0 v}{\left(1-\frac{v^2}{c^2}\right)^{\frac{3}{2}}}\,dv \qquad (5.3)$$

Mettendo a confronto le relazioni (1.2) e (5.3), si può costatare che in entrambi il differenziale dell'energia cinetica dE_c è espresso soltanto in dipendenza della massa a riposo e della velocità.

Solo la relazione (5.3) rappresenta però la forma più generalmente valida per il calcolo dell'energia cinetica per velocità comunque elevate.

È facile verificare che la (5.3) si riduce alla (1.2) nel caso in cui $v \ll c$.

Così come la (1.2) ci dà per integrazione l'energia cinetica di un corpo materiale supponendone costante l'inerzia, l'integrazione della (5.3) dovrà ora risolvere il teorema del lavoro e dell'energia cinetica nel caso applicativo più generale, cioè anche per velocità prossime a quella della luce.

Per il calcolo dell'energia cinetica si procederà, analogamente alla (1.2), con il calcolo dell'integrale della (5.3) fra il valore iniziale nullo e quello generico v della velocità:

$$E_c = m_0 \int_0^v \left(1 - \frac{v^2}{c^2}\right)^{-\frac{3}{2}} v\, dv \quad \Rightarrow$$

$$E_c = -\frac{1}{2} m_0 c^2 \int_0^v \left(1 - \frac{v^2}{c^2}\right)^{-\frac{3}{2}} d\left(1 - \frac{v^2}{c^2}\right) \quad \Rightarrow$$

$$E_c = -\frac{1}{2} m_0 c^2 \left[\frac{\left(1 - \frac{v^2}{c^2}\right)^{-\frac{1}{2}}}{-\frac{1}{2}}\right]_0^v \quad \Rightarrow$$

$$E_c = m_0 c^2 \left(\frac{1}{\sqrt{1 - \frac{v^2}{c^2}}} - 1\right) \quad \Rightarrow$$

$$E_c = \frac{m_0 c^2}{\sqrt{1 - \frac{v^2}{c^2}}} - m_0 c^2 \qquad (5.4)$$

La (5.4) ci dà l'espressione dell'energia cinetica di un corpo in funzione della sua massa e velocità.

Essa coincide con la formula corrispondente dell'energia cinetica ricavata con considerazioni relativistiche.

Si può mostrare, oltre che con lo sviluppo in serie di Taylor anche con il seguente procedimento, che la (5.4) si riduce alla (5.1) per $v \ll c$:

Infatti, per velocità notevolmente inferiori a quella della luce il quoziente $v^4/4c^4$, essendo d'ordine superiore, ha un valore trascurabile rispetto al rapporto v^2/c^2 e quindi può essere aggiunto al radicale della (5.4) senza che ne sia alterato il valore:

$$E_c = \frac{m_0 c^2}{\sqrt{1 - \frac{v^2}{c^2} + \frac{v^4}{4c^4}}} - m_0 c^2 \quad \Rightarrow$$

Il denominatore è la radice quadrata del quadrato di un binomio, perciò:

$$E_c = \frac{m_0 c^2}{1 - \frac{v^2}{2c^2}} - m_0 c^2 \quad \Rightarrow$$

$$E_c = \frac{m_0 c^2 - m_0 c^2 + \frac{1}{2} m_0 v^2}{1 - \frac{v^2}{2c^2}}$$

Che per $v \ll c$ si riduce alla (5.1).

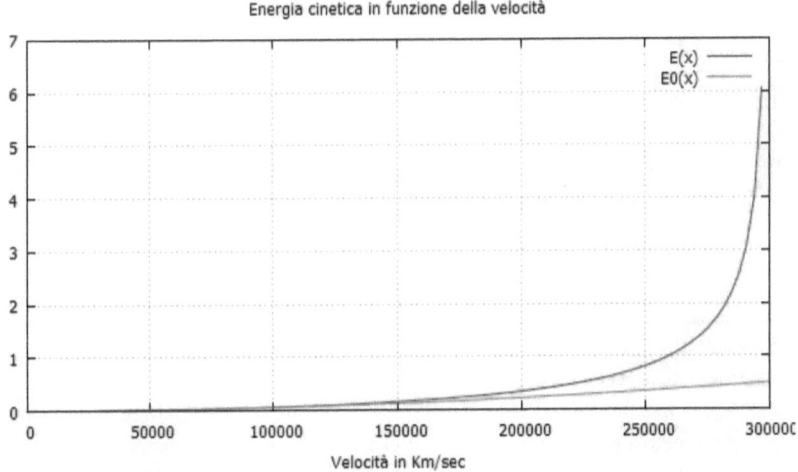

Fig. 4

In figura 4 sono messe a confronto le curve dell'energia cinetica ricavate per mezzo della (5.1) (curva verde) e della (5.4) (in violetto).

Si osserva che, per basse velocità, le due curve effettivamente coincidono. Divergono però sempre di più per velocità che si avvicinano a quella della luce.

Prendendo in considerazione l'espressione (4.4), la (5.4) può anche scriversi così:

$$mc^2 = \frac{m_0 c^2}{\sqrt{1 - \frac{v^2}{c^2}}} = E_c + m_0 c^2 \qquad (5.5)$$

La (5.5) ci fa pervenire a quest'importante risultato:

Poiché il secondo membro della (5.5) è uguale alla somma delle energie cinetica e interna, ne risulta che mc^2 o meglio $m_0 c^2 / \sqrt{1 - \frac{v^2}{c^2}}$ è pari all'energia totale del corpo materiale in funzione della sua velocità.

Questo conferma quanto era stato anticipato ma non dimostrato nel paragrafo precedente tramite la (4.6).

Le espressioni ricavate nei paragrafi 3 e 4 del lavoro elementare e dell'inerzia in funzione della velocità ci consentono di eliminare per sostituzione la massa dall'equazione differenziale del lavoro. L'integrazione di quest'ultima ci fornisce come risultato finale l'espressione dell'energia cinetica e, contemporaneamente, quella dell'energia totale di un corpo materiale in funzione della sua velocità. Anche queste espressioni si trovano in perfetto accordo con quelle ricavate con considerazioni relativistiche.

6. Il triangolo relativistico E-p-m

Nei paragrafi precedenti abbiamo visto che in quasi tutte le formule ricorre il valore reciproco $\sqrt{1 - \frac{v^2}{c^2}}$ del cosiddetto fattore di Lorentz. Questo termine ci ricorda il teorema di Pitagora.

Infatti, se immaginiamo un triangolo rettangolo la cui ipotenusa sia uguale a 1 e uno dei cateti sia uguale a v/c, allora l'altro cateto risulterà uguale a $\sqrt{1 - \frac{v^2}{c^2}}$ come mostrato in figura 5.

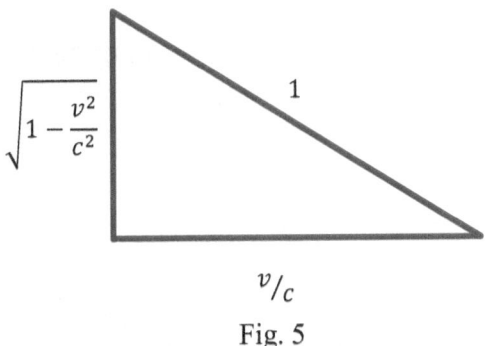

Fig. 5

Si moltiplichino ora tutti i lati per l'energia totale di un corpo materiale che, dal paragrafo precedente, sappiamo sia pari a mc^2. Tenendo presente la (4.4) risulterà:

Primo cateto = $mc^2 \sqrt{1 - \frac{v^2}{c^2}} = m_0 c^2$

Secondo cateto = mvc

Ipotenusa = mc^2

In questo modo si ottiene il così detto triangolo relativistico illustrato in figura 6.

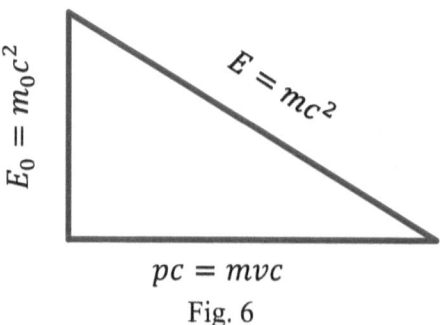

$pc = mvc$
Fig. 6

Applicando il teorema di Pitagora al triangolo di figura 6 possiamo ricavare le seguenti espressioni per l'energia totale e per la quantità di moto:

$$E = mc^2 = c\sqrt{p^2 + m_0^2 c^2} \qquad (6.1)$$

$$p = \sqrt{\frac{E^2}{c^2} - m_0^2 c^2} \qquad (6.2)$$

La (6.1) ci conferma che per la quantità di moto $p = 0$ l'energia totale E si riduce al valore $m_0 c^2$ della sola massa a riposo. Questo valore corrisponde all'energia interna di un punto materiale avente massa m_0.

La (6.2) mostra che possono esistere oggetti fisici con una massa a riposo $m_0 = 0$. In questo caso la quantità di moto assume il valore: $p = E/c$, così come è effettivamente osservato nel caso dei quanti di luce.

La (6.2) mostra però anche che non possono esistere oggetti fisici con un'energia E nulla, altrimenti la quantità di moto assumerebbe un valore immaginario e quindi non reale.

Dal triangolo relativistico E-p-m si può dedurre anche un altro risultato.

Se la massa m_0 di una particella è uguale a zero, ne risulta come conseguenza che il cateto verticale in figura risulta essere pari a zero e quello orizzontale diventa uguale all'ipotenusa.

Di qui segue:

$$mvc = mc^2 \quad \Rightarrow \quad v = c$$

Questo significa che oggetti fisici privi di massa si propagano necessariamente con la stessa velocità della luce.

Esempi ne sono oltre ai fotoni, anche i gravitoni e i gluoni.

I risultati dei paragrafi precedenti possono essere sintetizzati nella rappresentazione geometrica del cosiddetto triangolo E-p-m che illustra in modo particolarmente chiaro le relazioni che intercorrono fra energia, quantità di moto e massa.

7. Composizione delle velocità di due elettroni in collisione

Nel prossimo esperimento ideale prenderemo in considerazione la composizione delle velocità.

A tal proposito immaginiamo l'urto centrale di due elettroni che prima della collisione si avvicinino con velocità v_e uguali e prossime alla velocità della luce c.[12]

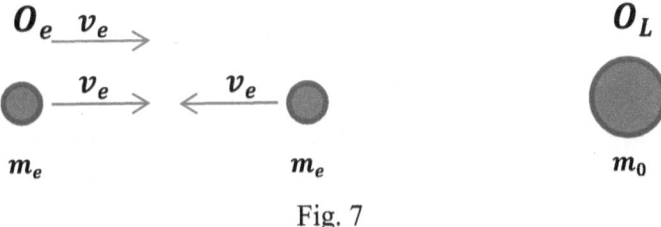

Fig. 7

S'immagini che in seguito all'urto si formi una particella con massa a riposo m_0 che si trovi in quiete rispetto a un osservatore O_L.

Quest'ultimo, ammesso che conosca le velocità v_e degli elettroni collidenti, potrà calcolare la massa della particella formatasi per mezzo della seguente espressione, che tiene conto della conservazione dell'energia prima e dopo l'urto:

$$m_e c^2 + m_e c^2 = m_0 c^2 \qquad (7.1)$$

Vale a dire:

---

[12] Si tenga presente che un esperimento di questo tipo è stato effettivamente fatto e ripetuto innumerevoli volte, fra l'altro, in acceleratori di particelle chiamati anelli di accumulazione già dagli anni sessanta.

L'energia m_0c^2 della particella formatasi dopo l'urto sarà uguale alla somma delle energie delle particelle (in questo caso due elettroni) collidenti.

Dall'espressione (7.1), tenendo presente la (4.4) si ottiene:

$$m_0 = \frac{2m_{0e}}{\sqrt{1 - \frac{v_e^2}{c^2}}} \qquad (7.2)$$

Dove m_0 e m_{0e} sono, rispettivamente, le masse a riposo della particella che viene a formarsi e dell'elettrone.

L'osservatore O_L è quindi in grado di misurare la massa a riposo della particella formatasi e conosce anche le velocità delle particelle collidenti, tuttavia non potrà asserire che la velocità relativa v_{ee} di un elettrone rispetto all'altro sia semplicemente data dalla somma delle loro velocità, così come si potrebbe affermare per due treni viaggianti in direzioni opposte su un binario unico.

Prima dell'urto, infatti, un osservatore O_e che si trovi in quiete con uno dei due elettroni misurerà un'energia totale data dalla seguente espressione:

$$E_1 = m_{0e}c^2 + m_ec^2 = m_{0e}c^2 + \frac{m_{0e}c^2}{\sqrt{1 - \frac{v_{ee}^2}{c^2}}} \qquad (7.3)$$

Vale a dire, l'energia misurata da O_e è pari alla somma dell'energia dell'elettrone con cui l'osservatore si trova in quiete e dell'energia dell'altro elettrone che O_e vede avvicinarsi con velocità v_{ee}.

Supponendo ora le velocità degli elettroni prossime a quella della luce, la loro somma $v_e + v_e$, essendo maggiore di c, condurrebbe a un calcolo senza dubbio errato dell'energia del sistema. Infatti, sostituendo nell'espressione (7.3) v_{ee} con $2v_e$ la radice quadrata di $1 - (2v_e)^2/c^2$ assumerebbe un valore immaginario e quindi non reale.

Il compito di calcolare v_{ee} dovrà quindi essere affidato all'osservatore O_e che, come abbiamo detto, si trova in quiete con uno dei due elettroni.

Anche l'osservatore O_e utilizzerà il principio di conservazione dell'energia prima e dopo l'urto, trovandosi però in moto rispetto a O_L, otterrà risultati diversi da quest'ultimo.

Dopo l'urto O_e si troverà ad avere la velocità v_e nei confronti della particella che si è formata e quindi ne misurerà l'energia E_2 data dalla seguente espressione:

$$E_2 = \frac{m_0 c^2}{\sqrt{1 - \frac{v_e^2}{c^2}}} \qquad (7.4)$$

Sostituendo nella (7.4) la massa a riposo m_0 con l'espressione calcolata nella (7.2) e ponendo, in accordo con il principio di conservazione dell'energia, $E_1 = E_2$ si ottiene:

$$m_{0e} c^2 + \frac{m_{0e} c^2}{\sqrt{1 - \frac{v_{ee}^2}{c^2}}} = \frac{2 m_{0e} c^2}{1 - \frac{v_e^2}{c^2}} \qquad (7.5)$$

Dividendo tutti i termini della (7.5) per $m_{0e} c^2$ otteniamo:

$$\frac{1}{\sqrt{1 - \frac{v_{ee}^2}{c^2}}} = \frac{2}{1 - \frac{v_e^2}{c^2}} - 1 \qquad \Rightarrow$$

$$\sqrt{1-\frac{v_{ee}^2}{c^2}} = \frac{1-\frac{v_e^2}{c^2}}{1+\frac{v_e^2}{c^2}}$$

Da questa espressione, dopo semplici calcoli algebrici, si ottiene la seguente:

$$v_{ee} = \frac{2v_e}{1+\frac{v_e^2}{c^2}} \qquad (7.6)$$

Allo stesso risultato si perviene se, invece di quello dell'energia, facciamo uso del principio di conservazione della quantità di moto.

In questo caso, stabilendo l'uguaglianza delle quantità di moto misurate dall'osservatore O_e prima e dopo l'urto, otteniamo:

$$m_e v_{ee} = \frac{m_0 v_e}{\sqrt{1-\frac{v_e^2}{c^2}}}$$

Da cui utilizzando le espressioni (4.4) e (7.2) si ottiene:

$$\frac{m_{0e} v_{ee}}{\sqrt{1-\frac{v_{ee}^2}{c^2}}} = \frac{2m_{0e} v_e}{1-\frac{v_e^2}{c^2}}$$

che risolta rispetto a v_{ee} ci dà la (7.6).

A questo punto desidero porre l'accento sul dato di fatto che la (7.6) è stata ricavata tramite la semplice applicazione del principio di conservazione dell'energia e senza fare uso dei postulati della Teoria della Relatività speciale.

La (7.6) mostra che a basse velocità (ad esempio nel caso dei due treni), essendo trascurabile il termine $\frac{v_e^2}{c^2}$, la velocità relativa è effettivamente pari alla somma delle velocità (curva verde in figura 8), così come è intuitivo.

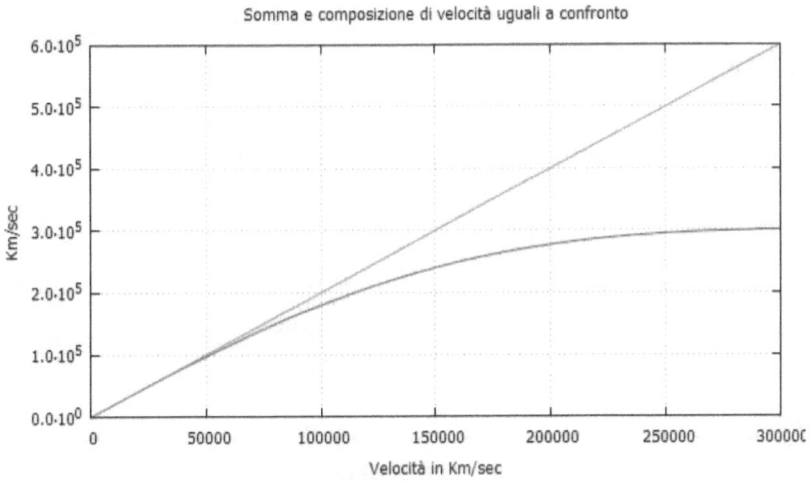

Fig. 8

A velocità elevate invece il fisico è costretto a rinunciare all'intuizione, dovendo ammettere che le velocità non possono essere semplicemente sommate.

Per la composizione di velocità uguali potrà fare quindi uso della (7.6) che, al contrario della composizione per somma, si trova in accordo con i principi di conservazione dell'energia e della quantità di moto (curva violetta).

È semplice mostrare che per la (7.6) v_{ee} può al massimo raggiungere la velocità della luce (questo avviene nel caso in cui le particelle incidenti siano fotoni e quindi con v_e uguale a c) ma non può mai superarla.

Se si suppone che le velocità delle particelle collidenti siano diverse si può eseguire una dimostrazione analoga a quella appena fatta, anche se algebricamente meno semplice, come si dimostrerà nel paragrafo 9.

Vedremo che, supponendo che le velocità siano v_1 e v_2, si perviene al seguente risultato ...

$$v_{12} = \frac{v_1 + v_2}{1 + \frac{v_1 v_2}{c^2}} \qquad (7.7)$$

... che per $v_1 = v_2$ si riduce alla (7.6).

La (7.7) risulta identica alla formula di Einstein sulla composizione delle velocità.

Possiamo quindi concludere affermando che la relazione (7.6) conferma la validità dell'espressione relativistica sulla composizione delle velocità nel caso particolare di velocità uguali.

Il principio di conservazione dell'energia, applicato a un caso particolare di moto di collisione di due elettroni, ci dà una prima conferma del teorema relativistico della composizione delle velocità.

8. Dipendenza del tempo dalla velocità

Ci riferiamo ora allo stesso esperimento ideale descritto nel paragrafo precedente per fare alcune considerazioni sui tempi misurati da due osservatori in moto fra loro.

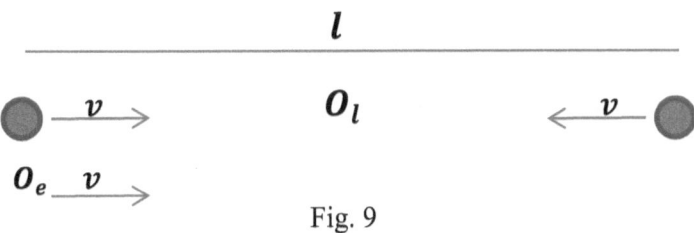

Fig. 9

Supponiamo che in un sincrotrone due particelle uguali siano accelerate in moto di collisione, fino a raggiungere la velocità v prossima a quella della luce.

Immaginiamo che a un certo istante le particelle si trovino all'entrata del rilevatore dell'acceleratore nel quale, fino all'istante della collisione, procedano con moto rettilineo uniforme.

Supponiamo che i due osservatori siano d'accordo sulla misura l della lunghezza del rilevatore e quindi sulla distanza da percorrere prima dell'urto.

I due osservatori, uno indipendentemente dall'altro, misurino il tempo che intercorre fra l'istante dell'entrata delle particelle nel rilevatore e la collisione.

L'osservatore O_l, trovandosi in quiete con il laboratorio sperimentale, dedurrà che le particelle s'incontreranno esattamente al centro del rilevatore e che quindi una singola particella prima dell'urto percorrerà la distanza $l/2$.

Il tempo misurato da O_l sarà dunque pari a:

$$t_l = \frac{l}{2v} \qquad (8.1)$$

L'osservatore O_e invece, trovandosi in quiete con una delle due particelle, calcolerà il tempo dividendo la lunghezza l per la velocità con la quale vede avvicinarsi l'altra particella.

Come abbiamo visto, questa velocità è stata calcolata per mezzo della (7.6) nel paragrafo precedente.

Il tempo per O_e sarà dunque:

$$t_e = \frac{l}{2v}\left(1 + \frac{v^2}{c^2}\right) \qquad (8.2)$$

Sostituendo la (8.1) nella (8.2) otteniamo:

$$t_e = t_l\left(1 + \frac{v^2}{c^2}\right) \qquad (8.3)$$

La (8.3) ci mostra la dilatazione del tempo dell'osservatore O_e nei confronti del tempo di O_l e quindi, implicitamente, conferma il postulato dell'esistenza di un tempo locale dipendente dalla velocità del sistema di riferimento.

Si noti che per $v \ll c$ t_e coincide con t_l.

Per velocità prossime a quella della luce, la (8.3) mostra un limite superiore secondo il quale risulta in ogni caso:

$$t_l \leq t_e \leq 2t_l$$

Si noti che la (8.3) <u>non</u> coincide con l'espressione della dilatazione del tempo ricavata dalla Teoria della Relatività ristretta che, nel caso qui illustrato, sarebbe data dalla seguente espressione[13]:

$$t_e = \frac{t_l}{\sqrt{1 - \frac{v^2}{c^2}}} \qquad (8.4)$$

La mancanza di accordo fra la (8.3) da noi ricavata e la relativistica (8.4) è da attribuire all'ipotesi arbitraria che abbiamo fatto, secondo cui i due osservatori siano concordi sulla misura della lunghezza dell'ultimo tratto percorso dalle particelle prima dell'urto.

Secondo la Teoria della Relatività ristretta invece, l'osservatore O_e dovrebbe misurare una contrazione della lunghezza l data dalla seguente espressione:

$$l_e = l \sqrt{1 - \frac{v^2}{c^2}}$$

La stessa contrazione osserverebbe l'osservatore O_l riguardo alle dimensioni delle due particelle in direzione del moto tanto che, trattandosi ad esempio di protoni, essi non sarebbero più sferici bensì ellissoidali.

Per le seguenti velocità, espresse come frazioni di quella della luce, secondo la Teoria della Relatività, il protone apparirebbe così come illustrato in figura 10:

---

[13] Una dimostrazione elementare della dilatazione relativistica dei tempi è fornita dall'esperimento ideale di Gilbert Newton Lewis e Richard C. Tolman.

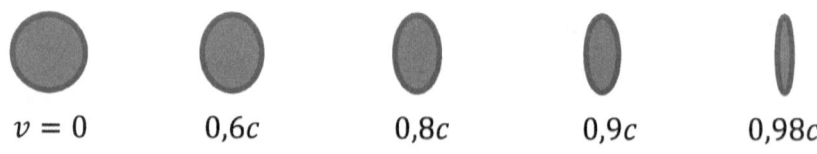

Fig. 10

Con il Large Hadron Collider, l'acceleratore di particelle subatomiche più potente finora realizzato, i protoni possono essere accelerati fino a raggiungere energie di 14 Tev, corrispondenti al 99,9999991 % della velocità della luce.

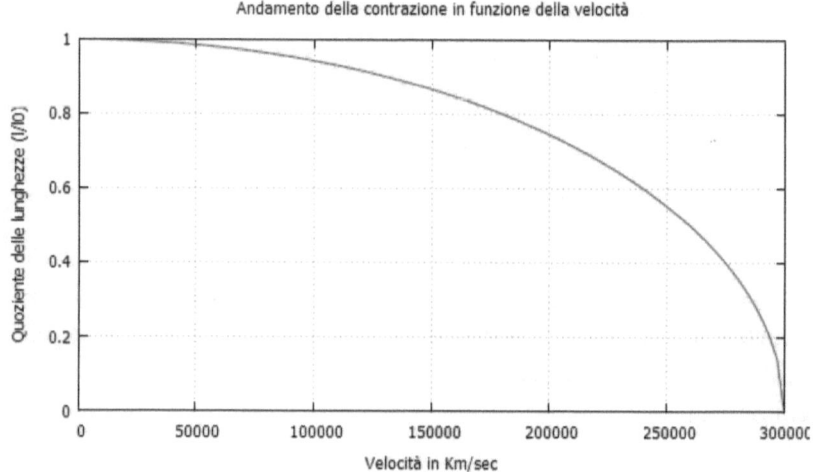

Fig. 11

A questa velocità il protone[14] sarebbe praticamente privo della dimensione in direzione del moto.

---

[14] Si tenga presente che qui il protone viene considerato come particella classica e quindi privo di eventuali proprietà quantomeccaniche.

A questo punto dobbiamo evidenziare che, fino ad oggi, non c'è stata né una conferma sperimentale convincente, né una smentita ufficiale del postulato della contrazione dei corpi alle alte velocità.

Nel caso che la contrazione non dovesse verificarsi, questa lacuna non confuterebbe in alcun modo la Teoria della Relatività, i cui risultati più importanti hanno ormai trovato una conferma sicura, sia nel campo puramente teorico, che in quello sperimentale.

In questo paragrafo si è mostrato che le misure degli intervalli di tempo fatte da osservatori in moto fra di loro sono discordanti. Pur non potendo confermare i risultati della Relatività ristretta, si dimostra che esiste una dipendenza del tempo dalla scelta del sistema di riferimento.

9. Teorema della composizione delle velocità

Nel prossimo esperimento ideale applicheremo i principi di conservazione dell'energia e della quantità di moto al caso più generale dell'urto di due particelle aventi masse e velocità diverse.

Come vedremo, i calcoli un po' più complessi che nel caso di masse e velocità uguali condurranno alla (7.7).

Supponiamo che, a seguito dell'urto centrale fra due particelle P_1 e P_2, uno sperimentatore O osservi la formazione di una particella P che resti in quiete con lui.

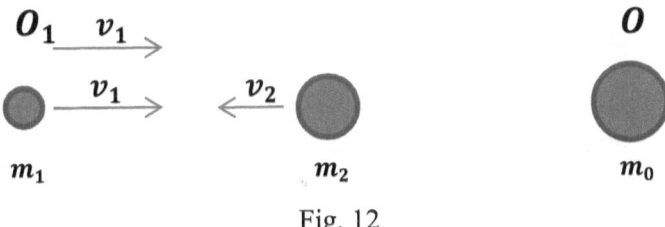

Fig. 12

Se m_{01}, m_{02} e v_1, v_2 sono le masse a riposo e, rispettivamente, le velocità di P_1 e P_2, usando il principio di conservazione dell'energia prima e dopo la collisione, lo sperimentatore O osserverà per la massa a riposo m_0 di P il valore dato dalla seguente espressione:

$$m_0 c^2 = m_1 c^2 + m_2 c^2 \quad\Rightarrow$$

O meglio, utilizzando la (4.4):

$$m_0 = \frac{m_{01}}{\sqrt{1 - \frac{v_1^2}{c^2}}} + \frac{m_{02}}{\sqrt{1 - \frac{v_2^2}{c^2}}} \qquad (9.1)$$

D'altra parte, essendo nulla la velocità, e quindi la quantità di moto della particella **P** risultante dall'urto, per il principio di conservazione della quantità di moto prima e dopo l'urto, m_{01}, m_{02}, v_1 e v_2 dovranno essere legate dalla seguente relazione:

$$\frac{m_{01}v_1}{\sqrt{1-\frac{v_1^2}{c^2}}} - \frac{m_{02}v_2}{\sqrt{1-\frac{v_2^2}{c^2}}} = 0 \qquad (9.2)$$

e quindi, usando β_x al posto di v_x/c :

$$\frac{m_{01}}{\sqrt{1-\beta_1^2}} = \frac{m_{02}}{\sqrt{1-\beta_2^2}}\frac{\beta_2}{\beta_1} \qquad (9.3)$$

Sostituendo la (9.3) nella (9.1), dopo aver messo in evidenza il termine $\dfrac{m_{02}}{\sqrt{1-\beta_2^2}}$ otteniamo:

$$m_0 = \frac{m_{02}}{\sqrt{1-\beta_2^2}}\left(1+\frac{\beta_2}{\beta_1}\right) \qquad (9.4)$$

La (9.4), a differenza della (9.1), ci dà il valore della massa a riposo della particella **P** formatasi dopo l'urto in dipendenza della massa di una sola delle due particelle incidenti.

Della (9.4) faremo uso più avanti per portare a termine la seguente dimostrazione.

Consideriamo ora un secondo osservatore O_1 che si trovi in quiete con la particella P_1.

Quest'ultimo potrà misurare la velocità relativa v_{12} fra P_1 e P_2 applicando il principio di conservazione della quantità di moto prima e dopo l'urto delle particelle.

Prima dell'urto, essendo in quiete con P_1 la quantità di moto misurata sarà soltanto quella della particella P_2, che O_1 vede avvicinarsi con velocità pari a v_{12}.

Avvenuto l'urto, O_1 si manterrà con velocità costante v_1 nei confronti della particella P, la stessa velocità di P_1 prima della collisione.

Dopo l'urto, quindi, la quantità di moto che O_1 misurerà sarà quella della sola P con massa m_0:

$$\frac{m_{02} v_{12}}{\sqrt{1 - \frac{v_{12}^2}{c^2}}} = \frac{m_0 v_1}{\sqrt{1 - \frac{v_1^2}{c^2}}} \quad \Rightarrow$$

Se v_x/c viene sostituito da β_x si ottiene:

$$\frac{m_{02} \beta_{12}}{\sqrt{1 - \beta_{12}^2}} = \frac{m_0 \beta_1}{\sqrt{1 - \beta_1^2}} \quad (9.5)$$

Sostituito ora il valore di m_0 dalla (9.4) nella (9.5) otteniamo:

$$\frac{m_{02} \beta_{12}}{\sqrt{1 - \beta_{12}^2}} = \frac{m_{02} \beta_1}{\sqrt{1 - \beta_1^2}\sqrt{1 - \beta_2^2}} \left(1 + \frac{\beta_2}{\beta_1}\right) \quad \Rightarrow$$

$$\frac{\beta_{12}}{\sqrt{1 - \beta_{12}^2}} = \frac{\beta_1 + \beta_2}{\sqrt{1 - \beta_1^2}\sqrt{1 - \beta_2^2}} \quad \Rightarrow$$

Allo scopo di eliminare le radici vengono ora elevati entrambi i termini dell'equazione al quadrato:

$$\frac{\beta_{12}^2}{1-\beta_{12}^2} = \frac{\beta_1^2 + 2\beta_1\beta_2 + \beta_2^2}{1 - \beta_1^2 - \beta_2^2 + \beta_1^2\beta_2^2} \quad \Rightarrow$$

$$\beta_{12}^2 - \beta_{12}^2\beta_1^2 - \beta_{12}^2\beta_2^2 + \beta_{12}^2\beta_1^2\beta_2^2 =$$
$$= \beta_1^2 + 2\beta_1\beta_2 + \beta_2^2 - \beta_{12}^2\beta_1^2 - 2\beta_{12}^2\beta_1\beta_2 - \beta_{12}^2\beta_2^2$$

Eliminiamo ora i termini $\beta_{12}^2\beta_1^2$ e $\beta_{12}^2\beta_2^2$ che compaiono con lo stesso segno nei membri di destra e di sinistra dell'equazione. Inoltre trasferiamo il termine $2\beta_{12}^2\beta_1\beta_2$ dal membro di destra a quello di sinistra.

Otteniamo:

$$\beta_{12}^2 + 2\beta_{12}^2\beta_1\beta_2 + \beta_{12}^2\beta_1^2\beta_2^2 = \beta_1^2 + 2\beta_1\beta_2 + \beta_2^2 \quad \Rightarrow$$

$$\beta_{12}^2(1 + 2\beta_1\beta_2 + \beta_1^2\beta_2^2) = \beta_1^2 + 2\beta_1\beta_2 + \beta_2^2 \quad \Rightarrow$$

Tenendo presente che i membri a sinistra e destra dell'equazione sono quadrati di binomi …

$$\beta_{12}^2(1 + \beta_1\beta_2)^2 = (\beta_1 + \beta_2)^2 \quad \Rightarrow$$

… traendone la radice quadrata si ottiene:

$$\beta_{12} = \frac{\beta_1 + \beta_2}{1 + \beta_1\beta_2}$$

E quindi, sostituendo v_x/c a β_x si perviene alla:

$$v_{12} = \frac{v_1 + v_2}{1 + \dfrac{v_1 v_2}{c^2}} \qquad (9.6)$$

La (9.6) è in accordo col teorema della composizione delle velocità secondo la Teoria della Relatività di Einstein.

A questo punto desidero porre l'accento sul dato di fatto che il teorema della composizione delle velocità è stato dimostrato tramite la semplice applicazione dei principi di conservazione e senza l'uso del postulato della costanza della velocità della luce .

> L'applicazione dei principi di conservazione dell'energia e della quantità di moto all'osservazione sperimentale dell'urto centrale di due particelle, ci consente di dimostrare il teorema relativistico della composizione delle velocità nel caso più generale.

10. Costanza della velocità della luce

Quando nel 1887 Michelson e Morley resero noti i risultati dei loro esperimenti, grande fu il disorientamento fra gli scienziati di tutto il mondo.

Le osservazioni sperimentali, infatti, si trovavano in conflitto con la trasformazione galileiana.

Gli esperimenti effettuati con l'interferometro di Michelson mostravano che la velocità della luce nel vuoto fosse sempre costante, indipendentemente dallo stato di quiete o di moto della sorgente luminosa.

Di qui fu riconosciuta la necessità di conferire al fenomeno della costanza della velocità della luce l'attributo di postulato fondamentale delle leggi della fisica.

D'altronde si ritenne che questo postulato non fosse compatibile con le leggi newtoniane.

A questa convinzione seguì quindi la rinuncia di intraprendere il tentativo di una spiegazione del fenomeno della costanza della velocità della luce per mezzo della meccanica classica.

Gli scienziati si convinsero piuttosto della necessità di dover elaborare una nuova teoria fisica.

La nascita della Teoria della Relatività è quindi strettamente legata alla supposta incompatibilità della meccanica newtoniana con il fenomeno naturale della costanza della velocità della luce.

Noi però, sulla base dei risultati raggiunti in questa dissertazione, possiamo dimostrare questo fenomeno per via puramente teorica.

Prima di eseguire la dimostrazione vogliamo qui riassumere brevemente come si sia pervenuti nel paragrafo precedente alla dimostrazione della formula (9.6) che esprime il teorema della composizione delle velocità.

L'espressione (9.6) è stata ricavata applicando i principi di conservazione dell'energia e della quantità di moto all'urto centrale di due particelle.

Per il bilancio energetico sono state utilizzate le energie totali delle particelle, vale a dire la somma delle loro energie cinetiche e interne.

Queste ultime sono state ricavate nel paragrafo 5 con l'utilizzo della relazione (4.4) che esprime la dipendenza dell'inerzia dalla velocità.

Nel paragrafo 4 abbiamo d'altra parte dimostrato che la relazione (4.4) è a sua volta una diretta conseguenza del secondo principio della dinamica e del principio di equivalenza fra energia e massa.

Quest'ultimo è stato ricavato nei paragrafi 2 e 3 dall'effetto Doppler con il solo utilizzo della fisica classica.

La conclusione di quest'argomentazione è che la dimostrazione del teorema della composizione delle velocità è stata eseguita con l'esclusivo uso della fisica classica e senza l'utilizzo del postulato della costanza della velocità della luce.

Ora è proprio con l'utilizzo del teorema della composizione delle velocità (espressione 9.6) che siamo in grado di dimostrare teoricamente il principio della costanza della velocità della luce.

A questo fine consideriamo una sorgente di luce in movimento rispetto a un osservatore.

Questi, volendo calcolare la velocità relativa della luce v_l potrà utilizzare l'espressione (9.6):

$$v_{12} = \frac{v_1 + v_2}{1 + \frac{v_1 v_2}{c^2}} \qquad (9.6)$$

Sostituendo al posto di v_1 la velocità v_s della sorgente luminosa e al posto di v_2 la velocità c che la luce ha se viene emessa da una sorgente in quiete, dalla (9.6) si ottiene:

$$v_l = \frac{c + v_s}{1 + \frac{cv_s}{c^2}} \Rightarrow$$

$$v_l = \frac{c + v_s}{\frac{c + v_s}{c}} \qquad (10.1)$$

La quale, per qualsiasi valore della velocità v_s della sorgente ci dà: $v_l = c$.

Questo equivale ad affermare che la velocità della luce è la stessa in ogni sistema di riferimento in moto rettilineo uniforme indipendentemente dalla velocità di quest'ultimo.

Considerando il procedimento completo che è stato utilizzato per giungere a questa dimostrazione, possiamo affermare che la costanza della velocità della luce è dimostrabile per via puramente teorica, vale a dire senza l'aiuto degli esperimenti ma a conferma di questi ultimi.

Quindi si deduce che:

Il fenomeno naturale della costanza della velocità della luce è un principio fisico dimostrabile con le leggi della fisica classica e quindi in perfetto accordo con la meccanica newtoniana.

L'utilizzo del teorema della composizione delle velocità ci pone in grado di dimostrare la costanza della velocità della luce indipendentemente dalla scelta del sistema di riferimento inerziale. Visto sotto quest'aspetto l'enunciato della costanza della velocità della luce non è più un postulato, bensì un principio dimostrabile per mezzo delle leggi della fisica classica.

11. Dipendenza della frequenza dalla velocità

In questo paragrafo analizzeremo la Dipendenza della frequenza elettromagnetica dalla velocità.

Allo scopo ci riferiamo alle fasi II e III dell'esperimento descritto nel paragrafo 3 nelle quali viene presa in considerazione l'annichilazione di una particella di massa m_0 con la conseguente emissione di due fotoni.

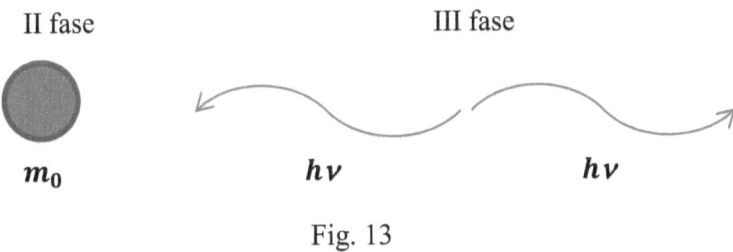

Fig. 13

Si supponga che un osservatore si muova rispetto alla particella nella stessa direzione in cui è emesso uno dei due fotoni.

Come già visto nel paragrafo 2, se la sua velocità v è notevolmente inferiore a quella della luce, l'osservatore misurerà, in accordo con l'effetto Doppler, una variazione della frequenza dei fotoni emessi pari a:

$$\nu' = \nu\left(1 \pm \frac{v}{c}\right) \qquad (11.1)$$

Se la velocità dell'osservatore è prossima a quella della luce, l'espressione (11.1) non risulta più corretta.

Per calcolare qual è la variazione della frequenza in dipendenza della velocità nel caso più generale, applicheremo quindi i principi di conservazione alle fasi II e III servendoci anche delle acquisizioni fatte nei paragrafi precedenti.

Poiché tutta la massa della particella si trasforma nell'energia dei fotoni, scriveremo:

$$m_0 c^2 = 2h\nu \qquad (11.2)$$

Se ν_1 e ν_2 sono le frequenze dei fotoni misurate dall'osservatore in direzione del moto e in direzione contraria, per il principio di conservazione dell'energia prima e dopo l'annichilazione della particella si ha:

$$mc^2 = \frac{m_0 c^2}{\sqrt{1 - \frac{v^2}{c^2}}} = h\nu_1 + h\nu_2 \qquad (11.3)$$

L'applicazione del principio di conservazione della quantità di moto ci dà:

$$mv = \frac{m_0 v}{\sqrt{1 - \frac{v^2}{c^2}}} = \frac{h\nu_1}{c} - \frac{h\nu_2}{c} \qquad (11.4)$$

Sostituendo il valore di m_0 ricavato dalla (11.2) nelle (11.3) e (11.4) e semplificando, otteniamo il seguente sistema di equazioni:

$$\begin{cases} \nu_1 + \nu_2 = \dfrac{2\nu}{\sqrt{1 - \dfrac{v^2}{c^2}}} \\ \nu_1 - \nu_2 = \dfrac{2\nu \dfrac{v}{c}}{\sqrt{1 - \dfrac{v^2}{c^2}}} \end{cases}$$

Risolvendo rispetto alle incognite ν_1 e ν_2 otteniamo:

$$v_1 = \frac{v(1+\frac{v}{c})}{\sqrt{1-\frac{v^2}{c^2}}} \quad ; \quad v_2 = \frac{v(1-\frac{v}{c})}{\sqrt{1-\frac{v^2}{c^2}}}$$

Con semplici passaggi algebrici si perviene in fine per la variazione della frequenza elettromagnetica in funzione della velocità alle seguenti espressioni:

$$v_1 = v\sqrt{\frac{c+v}{c-v}} \quad ; \quad v_2 = v\sqrt{\frac{c-v}{c+v}} \qquad (11.5)$$

Le espressioni (11.5) sono in accordo con quelle ricavate per l'effetto Doppler con ipotesi relativistiche.

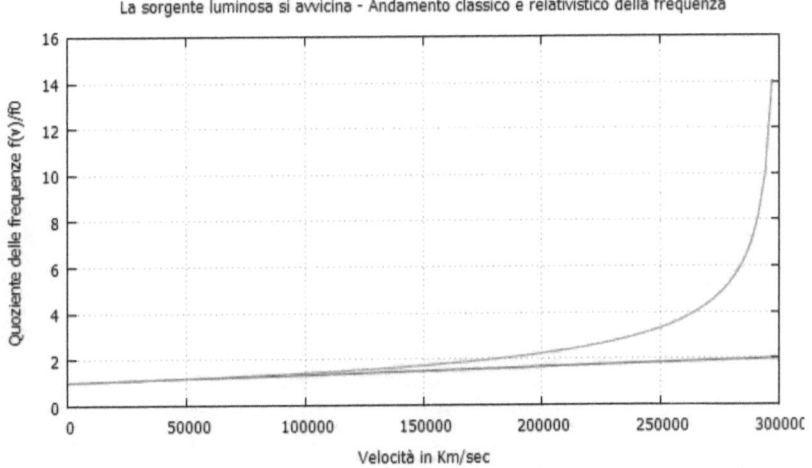

Fig. 14

Nelle figure 14 e 15 sono messi a confronto gli andamenti classici e relativistici della frequenza elettromagnetica.

Secondo la formula classica per la variazione della frequenza elettromagnetica (11.1), per una sorgente luminosa che si avvicina all'osservatore, la frequenza può al massimo raddoppiarsi, mentre secondo la formula relativistica (11.5), per velocità elevate della sorgente luminosa, la frequenza tende a un valore infinito.

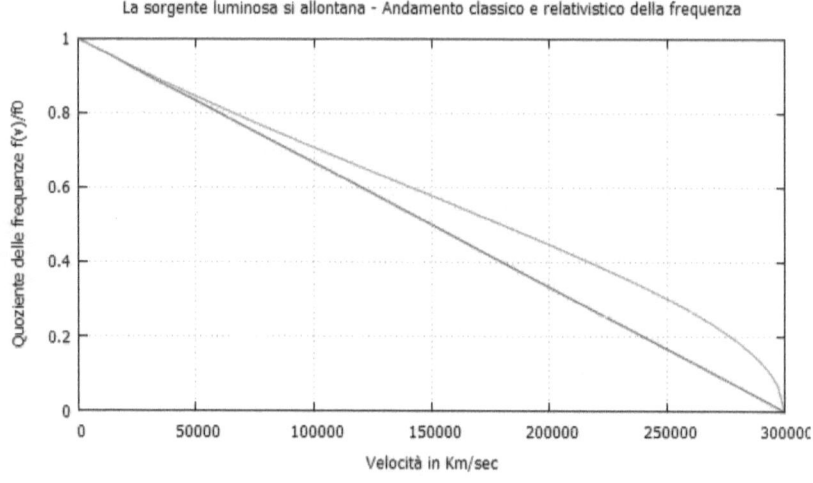

Fig. 15

Se invece la sorgente luminosa si allontana dall'osservatore (fig.15) la differenza fra i due andamenti non è può molto rilevante.

L'applicazione dei principi di conservazione della quantità di moto e dell'energia all'osservazione sperimentale dell'annichilazione elettrone-positrone ci consente di calcolare la variazione di frequenza elettromagnetica in funzione della velocità della sorgente emettitrice.

12. Dipendenza dell'accelerazione dalla velocità

Per il calcolo dell'accelerazione prendiamo in considerazione il secondo principio della dinamica che, come già visto nel paragrafo 1, nel caso più generale viene espresso dalla:

$$\vec{F} = \frac{d(m\vec{v})}{dt} \Leftrightarrow \vec{F} = \vec{v}\frac{dm}{dt} + m\frac{d\vec{v}}{dt} \qquad (12.1)$$

Si noti che, nel caso in cui lo spostamento elementare $\vec{ds}$ non sia parallelo alla forza, la (4.1) deve essere scritta nel seguente modo:

$$\vec{F} \cdot \vec{ds} = \vec{F} \cdot \vec{v}dt = c^2 dm \qquad (12.2)$$

Dove con $\vec{F} \cdot \vec{ds}$ s'intende il prodotto scalare dei vettori forza e spostamento elementare.

Dalla (12.2) si ricava:

$$dm = \frac{\vec{F} \cdot \vec{v}dt}{c^2} \qquad (12.3)$$

Sostituendo la (12.3) e la (4.4) nella (12.1) e semplificando si ottiene:

$$\vec{F} = \frac{v^2}{c^2}\vec{F} + \frac{m_0}{\sqrt{1 - \frac{v^2}{c^2}}}\frac{d\vec{v}}{dt}$$

Dalla quale si ricava:

$$\vec{F} = \frac{m_0 \vec{a}}{\left(1 - \frac{v^2}{c^2}\right)^{\frac{3}{2}}} \qquad (12.4)$$

Dalla (12.4) si ottiene l'espressione dell'accelerazione in funzione della velocità:

$$a = \frac{F}{m_0}\left(1 - \frac{v^2}{c^2}\right)^{\frac{3}{2}} \qquad (12.5)$$

È semplice verificare che la (12.5) si riduce alla (1.1) nel caso in cui $v \ll c$.

La (12.5) mostra anche che, mantenendo costante la forza, all'aumentare della velocità l'accelerazione si riduce progressivamente, tendendo a zero per velocità prossime a quella della luce (vedi figura 16).

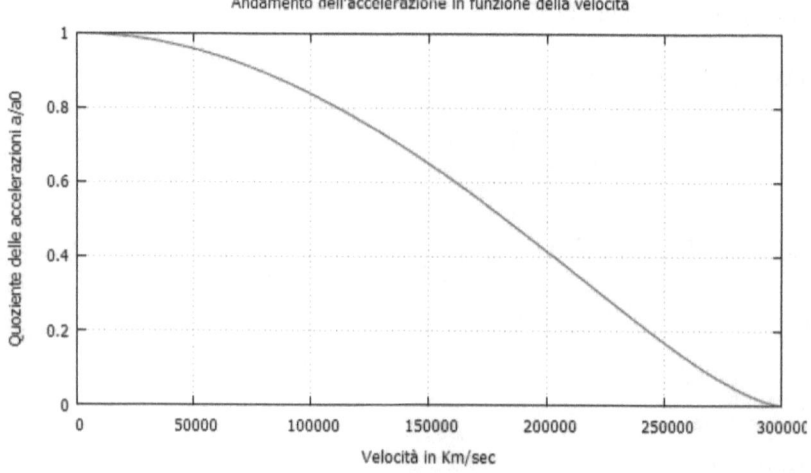

Fig. 16

Questo risultato si trova in perfetto accordo con le osservazioni sperimentali effettuate per mezzo degli acceleratori di particelle subatomiche.

Si noti che la (12.5) è anche ricavabile dall'equazione differenziale (5.3) che abbiamo usato nel paragrafo 5 come espressione intermedia per il calcolo dell'energia cinetica:

$$F ds = \frac{m_0 v}{\left(1 - \frac{v^2}{c^2}\right)^{\frac{3}{2}}} dv \qquad (5.3)$$

Infatti sostituendo nella (5.3) il prodotto della velocità e del differenziale del tempo **vdt** al posto dello spostamento infinitesimale **ds**, e il prodotto dell'accelerazione e del differenziale del tempo **adt** al posto del valore infinitesimale della velocità **dv**, dopo aver semplificato e risolto rispetto all'accelerazione **a** si ottiene la (12.5).

La definizione del secondo principio della dinamica nella sua forma generale, ci consente di ricavare l'espressione dell'accelerazione in funzione della velocità. L'andamento della curva illustrata in figura 16 mostra che, per velocità prossime a quella della luce, l'accelerazione tende ad annullarsi, così come è confermato dalle osservazioni sperimentali.

Riepilogo

La dimostrazione alternativa di Rohrlich prova che la famosa espressione $E = mc^2$, generalmente considerata relativistica, è in realtà una semplice conseguenza dell'effetto Doppler.

Così ricavato, il principio di equivalenza fra energia e massa, fornisce alla meccanica newtoniana la relazione mancante che permette di integrare l'equazione differenziale generale derivata dal secondo principio della dinamica:

$$\begin{cases} dE = v^2 dm + mv\,dv \\ dE = c^2 dm \end{cases} \Rightarrow$$

$$c^2 dm = v^2 dm + mv\,dv \qquad (4.2)$$

L'integrazione della (4.2) ci fornisce una prima importante relazione sulla dipendenza dell'inerzia di un corpo dalla sua velocità:

$$m = \frac{m_0}{\sqrt{1 - \frac{v^2}{c^2}}} \qquad (4.4)$$

Usando questa relazione e i principi di conservazione dell'energia e della quantità di moto, e rinunciando a ipotesi basate sui postulati relativistici, si arriva a dimostrare successivamente altre importanti relazioni tutte attribuite alla Teoria della Relatività:

- L'espressione dell'energia cinetica nel caso più generale:

$$E_c = \frac{m_0 c^2}{\sqrt{1 - \frac{v^2}{c^2}}} - m_0 c^2 \qquad (5.4)$$

- L'equazione dell'energia totale del corpo materiale:

$$mc^2 = \frac{m_0 c^2}{\sqrt{1 - \frac{v^2}{c^2}}} = E_c + m_0 c^2 \qquad (5.5)$$

- La relazione che lega energia, quantità di moto e massa illustrata dal cosiddetto triangolo relativistico E-p-m:

$$E = mc^2 = c\sqrt{p^2 + m_0^2 c^2} \qquad (6.1)$$

- Il teorema della composizione delle velocità:

$$v_{12} = \frac{v_1 + v_2}{1 + \frac{v_1 v_2}{c^2}} \qquad (9.6)$$

- L'invariabilità della velocità della luce indipendentemente dal moto relativo della sorgente luminosa:

$$v_l = \frac{c + v_s}{\frac{c + v_s}{c}} \qquad (10.1)$$

- La variazione della frequenza elettromagnetica a velocità elevate:

$$\nu' = \nu \sqrt{\frac{c \pm v}{c \mp v}} \qquad (11.5)$$

- L'accelerazione in funzione della velocità:

$$a = \frac{F}{m_0}\left(1 - \frac{v^2}{c^2}\right)^{\frac{3}{2}} \qquad (12.5)$$

Tutte queste relazioni si trovano in accordo con le corrispondenti ricavate per mezzo dei postulati della Teoria della Relatività.

Conclusione

Le dimostrazioni alternative trattate in questo studio mostrano come si possa pervenire a importanti risultati della Teoria della Relatività, con un appropriato uso della meccanica classica.

Se da un lato vengono quindi confermati diversi risultati della Relatività ristretta, dall'altro si dimostra che la meccanica newtoniana ha un'attendibilità molto superiore a quella che solitamente le viene attribuita.

Il principio di equivalenza fra energia e massa; la formula di dipendenza dell'inerzia dalla velocità; il teorema di composizione delle velocità; il famoso triangolo relativistico che esprime geometricamente la relazione fra energia, massa e quantità di moto di un corpo; l'espressione della frequenza elettromagnetica per velocità elevate; la dipendenza dell'accelerazione dalla velocità...

Tutte queste relazioni sono considerate, nel mondo della fisica, rigorosamente relativistiche.

In realtà esse sono tutte ricavabili tramite la meccanica classica con il semplice uso dei principi di conservazione dell'energia e della quantità di moto.

I metodi usati in questa dissertazione mostrano che è possibile estendere l'uso della teoria newtoniana a un campo di applicazione molto più vasto di quello normalmente supposto.

Viste le cose sotto quest'aspetto, si può quindi affermare che:

Newton aveva ragione.

Esempi

I Esempio – Applicazione dei principi di conservazione all'assorbimento elettromagnetico

La figura I illustra un corpo materiale di massa m_0 che, ad un certo istante, assorbe un fotone di frequenza v.

A causa dell'assorbimento il corpo passerà dallo stato di quiete a quello di moto a velocità v.

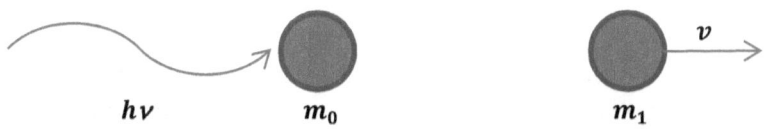

Fig. I

Applicando i principi di conservazione prima e dopo l'assorbimento misuriamo:

Per la quantità di moto:

$$\frac{hv}{c} = m_1 v \qquad (\text{I.1})$$

Per l'energia:

$$m_0 c^2 + hv = m_1 c^2 \qquad (\text{I.2})$$

Dalla (I.1) possiamo calcolare $m_1 = hv/cv$ che sostituiamo nella (I.2):

$$m_0 c^2 + hv = \frac{hv}{cv} c^2 \qquad (\text{I.3})$$

Risolvendo rispetto alla velocità v otteniamo:

$$v = \frac{ch\nu}{m_0 c^2 + h\nu}$$

Supponiamo ora per assurdo che la velocità v sia maggiore o uguale a quella della luce, $v \geq c$:

$$\frac{ch\nu}{m_0 c^2 + h\nu} \geq c \qquad (I.4)$$

Semplificando si ottiene:

$$m_0 c^2 \leq 0$$

L'ipotesi che la velocità sia uguale o maggiore a quella della luce implica quindi il presupposto insostenibile che la massa di un corpo sia uguale o minore di zero.

II Esempio – Applicazione dei principi di conservazione all'emissione elettromagnetica

La figura II illustra un corpo materiale di massa m_0 che, ad un certo istante, emette un fotone di frequenza ν.

A causa dell'emissione il corpo passerà dallo stato di quiete a quello di moto a velocità v.

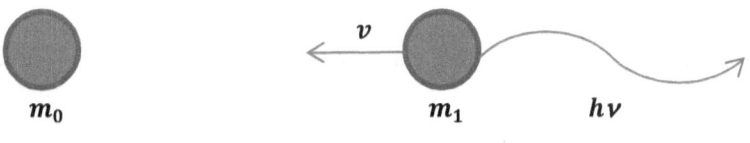

Fig. II

Applicando i principi di conservazione prima e dopo l'emissione misuriamo:

Per la quantità di moto:

$$0 = \frac{h\nu}{c} - m_1 v \qquad (II.1)$$

Per l'energia:

$$m_0 c^2 = m_1 c^2 + h\nu \qquad (II.2)$$

Dalla (II.1) possiamo calcolare $m_1 = h\nu/cv$ che sostituiamo nella (II.2):

$$m_0 c^2 = \frac{h\nu}{cv} c^2 + h\nu \qquad (II.3)$$

Risolvendo rispetto alla velocità v otteniamo:

$$v = \frac{ch\nu}{m_0 c^2 - h\nu}$$

Tenendo presente che la velocità di un corpo è sempre inferiore a quella della luce, possiamo scrivere la seguente disequazione:

$$\frac{ch\nu}{m_0 c^2 - h\nu} < c$$

Che si riduce alla seguente:

$$h\nu < \frac{1}{2} m_0 c^2 \qquad (\text{II.4})$$

Con la (II.4) *si dimostra quindi che, nel caso dell'emissione di un singolo fotone, l'energia* $h\nu$ *del quanto di luce è sempre inferiore alla metà dell'energia interna del corpo emettitore.*

www.ingramcontent.com/pod-product-compliance
Lightning Source LLC
Chambersburg PA
CBHW030450220526
45464CB00006B/2465